Discovery Education 探索·科学百科（中阶）

1级D1 鲨鱼世界

全国优秀出版社
全国百佳图书出版单位

广东教育出版社

学乐

目录 | Contents

与众不同的鱼

斑马鲨

鲨是鱼类的一种，但与其他鱼不同，鲨鱼能活 40 年甚至更久，且一生下来就能猎食。鲨鱼的骨架很轻，由软骨构成，而非硬骨。其外皮粗糙，像砂纸，不像其他鱼那样光滑有鳞片。

链纹猫鲨

尾鳍

第一背鳍

第二背鳍

臀鳍

腹鳍

鲸鲨

　　鲸鲨体型巨大，是世界上现存的最大的鱼类之一，潜水员常可以在水下与鲸鲨结伴同游。

远洋白鳍鲨

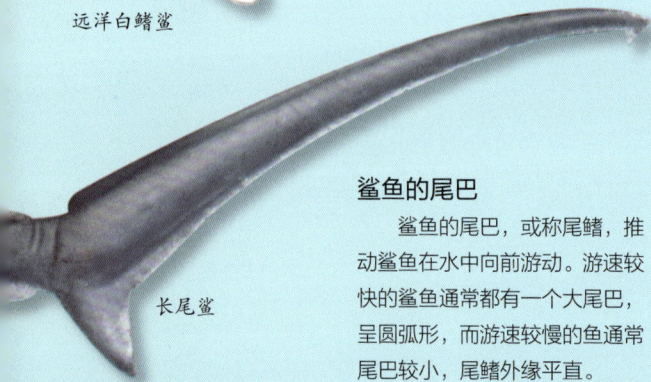

长尾鲨

鲨鱼的尾巴

　　鲨鱼的尾巴，或称尾鳍，推动鲨鱼在水中向前游动。游速较快的鲨鱼通常都有一个大尾巴，呈圆弧形，而游速较慢的鱼通常尾巴较小，尾鳍外缘平直。

不可思议!

　　有钓鱼者报告称见过巨型鲸鲨，其身长为普通校车的 1.5 倍。

角鲨

黑鳍礁鲨

大白鲨

鲨鱼的鳍

　　鲨鱼的浮力和跃起离不开鳍，鳍还能帮助鲨鱼在游泳时加速、减速和转向。

　　鲨鱼身长不一，小至 18 厘米，如硬背侏儒鲨；大至 12 米，如鲸鲨。

鳃缝

眼睛

嘴

胸鳍

皱鳃鲨

硬背侏儒鲨

拟猫鲨

鲨鱼的鼻

　　通过鲨鱼鼻子的形状，我们可以推断出鲨鱼是如何捕食的：挖掘海底寻找食物；突然袭击过往的鱼或咬开贝类。

黑狗鲨

滤食动物

　　鲸鲨将水吸入嘴内，再通过鳃将水滤出，以此捕食水中微小的海洋生物。

鲨鱼的进化

在恐龙出现前约 2.4 亿年前，鲨鱼就已经存在于海洋中了。这些鲨鱼有的牙齿卷曲，有的头部有奇怪的刚毛。

2.8亿年以前 旋齿鲨
这种鲨鱼的下颌末端有一副螺旋形牙齿。

进化时间线
鲨鱼在远古时期是如何进化的？

4.08亿年以前
在泥盆纪时期，鱼开始分化，出现了一种名为梳棘鲨（Ctenacanthus）的鲨鱼，其背鳍前有背刺。

5.05亿年以前
在奥陶纪时期，鲨鱼由这种甲胄鱼进化而来。

5.5亿年以前
在寒武纪时期，出现了贝类动物和无腭纲鱼形动物，三叶虫是其中一种，它看起来像一只巨大的臭虫。

4.35亿年以前
第一代硬骨鱼如这种棘鱼（Nostolepsis）出现在志留纪时期。

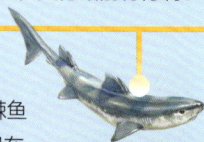

3.6亿年以前
这种剪齿鲨鱼出现在石炭纪时期。

3.7亿年以前 裂口鲨
这种鲨鱼在远古鲨鱼中很罕见，它有长长的龙骨鳍。

3.2亿年以前 胸脊鲨
雄性胸脊鲨的头部和第一背鳍处有一个"硬毛刷"，很可能是用于交配。

1.8亿年以前 弓鲛

弓鲛的背鳍前有坚硬的背刺，从外形上看介于金枪鱼和鲨鱼之间。

2.86亿年以前

在二叠纪时期，许多生物灭绝了。鳗形鲨鱼在远古河流中存活了下来。

2.08亿年以前

在侏罗纪时期，扁平形鲨鱼进化为第一代鳐，如这种原鳍棘鲨（Protospinax）。

6500万年以前

在新生代，现代人类开始进化。巨齿鲨成为海洋中主要的鲨鱼。

2.48亿年以前

早期恐龙出现在三叠纪时期，这种幻龙（Nothosaurus）会袭击鱼类。

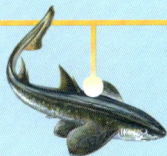

1.44亿年以前

在白垩纪时期，暴龙（Tyran-nosaurus）主宰着陆地，而白垩刺甲鲨（Cretoxyrhina）主宰着海洋。

巨齿鲨体型巨大，身长16米，可以一口吞下5个人，每颗牙齿都锋利无比，有一个人头那么大。

鲨鱼牙齿化石

鲨鱼的牙齿非常坚硬，形成的化石可以保存很长时间。迄今为止发现的软骨动物化石少之又少，科学家只能通过牙齿化石来猜测鲨鱼其他部位的形态。

鲨鱼的种类

海洋中有 400 多种鲨鱼。科学家将这些鲨鱼分成 8 个群或目。这种分类基于鲨鱼的形态特征，如鱼鳃的数量和牙齿的形状。

港杰克逊鲨鱼

目：虎鲨目
身长：1.7米
食物：海胆类、海星、藤壶和海螺
栖息地：澳大利亚南部海洋，从海岸至大陆深处。

天使鲨

目：扁鲨目
身长：2米
食物：小鱼、甲壳类、乌贼和软体动物
栖息地：温暖海洋的海底居民。

宽鼻鲨

目：六鳃鲨目
身长：3米
食物：更大型动物，如鲨鱼、鳐、海豹和海鸟
栖息地：适于生活在大陆架外缘的热带海洋中。

棘鲨

目：角鲨目
身长：3米
食物：多种海底生物
栖息地：深度约为900米海洋。

锤头鲨

目：真鲨目

身长：1.5米，但一些锤头鲨身长超过5米

食物：鳐、其他鲨鱼、章鱼和乌贼

栖息地：主要生活在温暖的沿海地区，包括大陆架和大陆坡。

外表华丽的须鲨

目：须鲨目

身长：可长达3.7米

食物：底栖鱼、蟹类、章鱼和龙虾

栖息地：珊瑚礁和多岩石或多沙的海床。

尖吻鲭鲨

目：鼠鲨目

身长：约2.5米，但可长达3.7米

食物：鱼群，如金枪鱼、马鲛鱼和箭鱼

栖息地：季节性地从沿海地区迁徙至2 500千米以外的深海处。

锯鲨

目：锯鲨目

身长：1.5米

食物：小鱼、甲壳类和乌贼

栖息地：从大陆架到多砾石、多泥或多沙的海底。

完美掠食者的内部结构

鲨鱼具有与人类类似的心脏、脑、胃和肾脏。此外，鲨鱼还有鳃，用于水下呼吸。鲨鱼的肝脏有大量的油，这些油能帮助鲨鱼保持漂浮状态。鲨鱼的游泳肌、脑和眼睛中有额外的血管，这些血管帮助鲨鱼时刻保持警惕，准备行动。

鲑鲨的内部结构

鲑鲨生活在寒冷的北太平洋中，其最喜欢的食物为鲑鱼。鲑鲨体内有额外的血管网来维持血液温度。

生殖器官

肠

软骨骨架

鲨鱼的骨架由类似于人耳的软骨构成。软骨比硬骨轻，使鲨鱼更自如地在水中游弋。

背鳍

脊椎

尾鳍

颌

螺旋瓣

鲨鱼的肠道很短，肠道内部呈螺旋状，以便为消化食物提供更大的表面积。

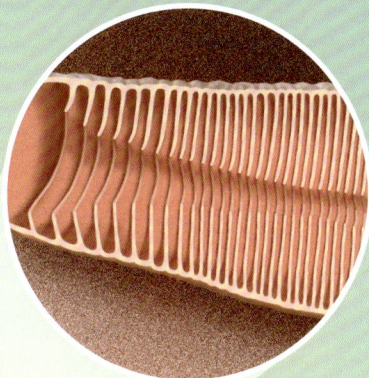

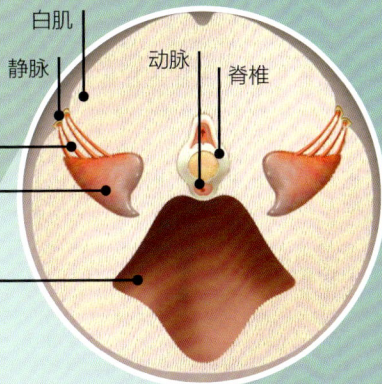

白肌
静脉
动脉
脊椎

奇网
红肌

腹腔

奇网

这幅奇网横断面图显示了4个细血管网中的2个，这些细血管能使鱼鳃中流出的冷血变热。即使水温只有零度，鲑鲨也能使血液温度维持在26摄氏度。

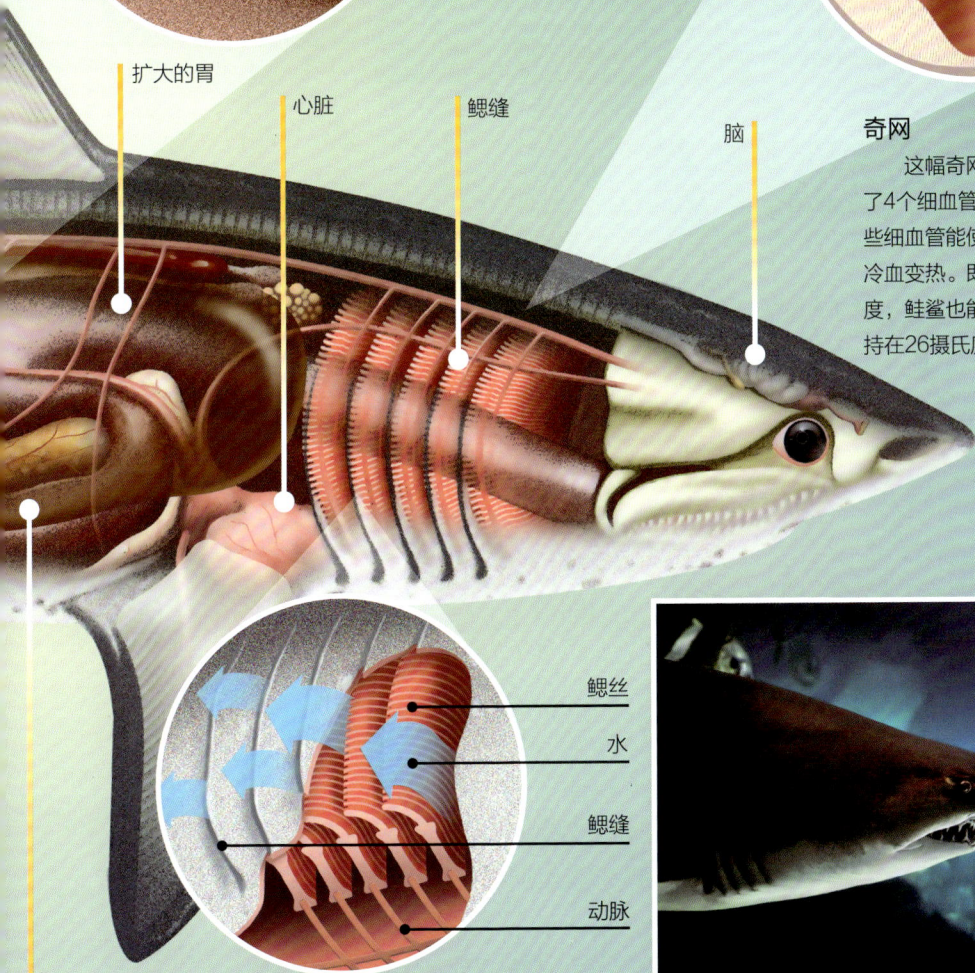

扩大的胃
心脏
鳃缝
脑

鳃丝
水
鳃缝
动脉

鱼鳃如何工作

水从鲨鱼的嘴巴流进，再通过鳃丝流出。而鳃中的血液以反方向流动，从水中摄取氧气。

肝脏

聚焦鱼鳃

鲨鱼有5~7个鳃缝，有时还有一个喷水孔。喷水孔使鲨鱼在嘴里装满食物时仍能呼吸。为了维持呼吸，绝大多数鲨鱼必须不停地游动。

无处藏身

鲨鱼的多个感官都很敏锐。它们能听到和感觉到 500 米以外游动的鱼。其定向嗅觉能嗅出 25 米以外的血腥味。它们的视觉也很敏锐，能在较弱的光下看清事物。不仅如此，它们的鼻内还有电感受器，能引导它们对猎物进行最后的致命一咬。

锤头鲨的视觉

锤头鲨的头呈翼状，两侧各有一只眼睛，侧向视觉非凡，但它们必须左右转动头部才能看到正前方。

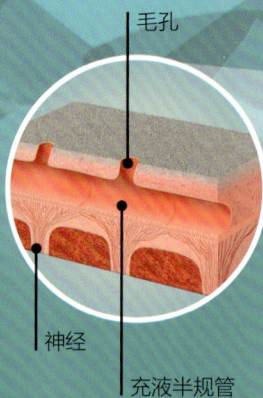

鲨鱼的感觉追踪

鲨鱼是如何利用感官来猎食蓝鳍金枪鱼的？

毛孔

1 听觉

鲨鱼的头部有一些小孔，与内耳相连，能探测水中的声波。耳中的半规管保持平衡。

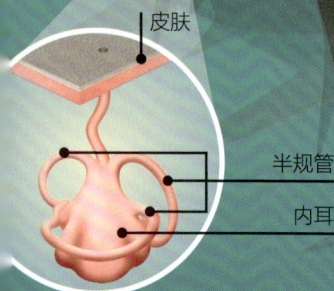

神经

充液半规管

2 嗅觉

含金枪鱼气味的水会流过鲨鱼鼻孔内的一组传感膜，这些传感膜被称作鳃瓣。

皮肤

半规管

内耳

5 电感受器

劳伦氏壶腹是位于鲨鱼鼻子上的小凹孔，内含晶体胶质。劳伦氏壶腹中含有感受器，能感受到动物肌肉收缩时产生的微弱电流。这使鲨鱼能察觉金枪鱼的心跳。

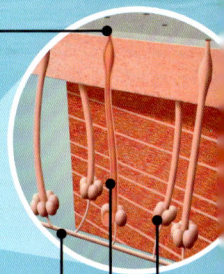

毛孔

神经

内含晶状胶质的管道

劳伦氏壶腹

4 压力感受

体侧线位于皮下，是一个由细管道组成的系统，管道中含有液体。侧线是鲨鱼的压力感受器官，能感受到水中极小的压力变化。

6 味觉

人类的味蕾在舌头表面，而鲨鱼却不同，其味蕾位于嘴和食道中。

鳃瓣

鼻孔

角膜

视网膜

视神经

瞳孔

虹膜

晶状体

光神经纤维层

鼻翼

3 视觉

鲨鱼的眼睛有一层特别的组织，叫光神经纤维层，能提高鲨鱼在黎明和黄昏猎食时的视力。

猎食时游速最快的鲨鱼为尖吻鲭鲨，时速可达 50 千米。

致命一咬

无法逃脱

鲨鱼的软骨颌以铰链式固定在头后部，周围有强健的肌肉。

颌放松

准备咬猎物时，鲨鱼先放松颌，再张开嘴巴。

颌向前伸

下颌垂下时，鼻子向上倾斜，上颌向前伸出。

露出牙齿

当嘴巴张得更大时，鲨鱼便将眼睛缩回体内，以免其受到猎物的攻击，同时竖起牙齿，准备刺穿这种体型较小的高鳍真鲨。

攻击猎物时，鲨鱼将颌向前伸去，使牙齿对猎物的伤害力达到最大。虎鲨的咬力可达每平方厘米 422 千克。若鲨鱼的牙齿断裂或掉落，会在原来的位置上长出一排新的牙齿。

大白鲨的巨型牙齿

大白鲨拥有世界上最大的鲨鱼齿。猎食时，大白鲨用牙齿咬住猎物，左右来回地摇动头部，此时，其锋利的牙齿相当于一把迷你型锯子。

量身定制的牙齿

鲨鱼的牙齿是根据其捕猎的食物量身定做的。

虎鲨

虎鲨的牙齿能锯开并粉碎猎物，拥有坚硬的壳的龟也会成为它的腹中食物。

灰白色剑吻鲨

灰白色剑吻鲨的牙齿呈尖刺状，可捕食蠕动的乌贼。

铠鲨

铠鲨的下排牙齿呈锯齿状，上排牙齿呈钩状，能抓住整条鱼。

大白鲨

大白鲨的锯状牙齿能将海豹和其他大型猎物咬成碎片。

滤食动物

只有3种鲨鱼属于滤食动物——姥鲨、鲸鲨和巨口鲨。

巨口鲨的嘴部周围有能发光的器官，能吸引浮游生物，而姥鲨游动时嘴巴是张开的。

姥鲨

巨口鲨

鲨鱼的食物

鲨鱼通常食肉，但有些鲨鱼几乎什么都吃。科学家对虎鲨胃中的东西进行了分析，结果发现里头几乎什么都有，从鞋子到水桶，有一次甚至发现了一套盔甲。

大青鲨的盛宴

当大量的乌贼在海中聚在一起交配时，大青鲨会从乌贼群中游过，美美地吞下好几大口的乌贼。

张开大嘴

鲸鲨是滤食动物。他们吸入大量含有小型海洋生物的海水，再通过鳃将这些海水排出，将滤出的食物吞进肚里。

鲨鱼都吃些什么？

鲨鱼位于海洋食物链的顶层，可以任何东西为食物。

龙虾

龙虾有坚硬的壳，却也免不了成为饥饿中的鲨鱼的腹中食物。

鳐

鳐是锤头鲨最喜欢的食物之一。

海豹

大白鲨更喜欢捕食海豹。

海鸟

在海上休息的海鸟也是鲨鱼的捕食对象之一，捕食海鸟使鲨鱼偶尔能换换口味。

龟

龟的壳虽然坚硬，但远远无法抵御虎鲨的攻击。

重力

浮力

鱼尾提供的推力

阻力

鱼尾提供的举力

胸鳍和身体
提供的举力

团队猎手
　　一只长尾鲨用强有力
的尾巴拍打海水，其他长
尾鲨猎食受惊的鱼。

追击者
　　大西洋鲭鲨是群居
鱼类的快速追击者。

猎食高手
　　不管是追击者、挖掘
者、团队猎手还是埋伏掠
食者，鲨鱼的身体结构总
是与其猎食方式相适应。

鲨鱼是如何游泳的？
　　鲨鱼在水中波浪式摆动
身体以获得向前的推动力。

伪装
　　天使鲨将一半的身体
埋在沙里，伪装起来，准
备突然袭击过往的猎物。

挖掘者
　　长鼻锯鲨在沙中挖
掘自己的食物——鱼。

向一侧弯曲
　　脊椎一侧的肌肉用力，
使身体向一侧弯曲。

天生的速行者

形似鱼雷

尖吻鲭鲨是水下游泳健儿，它的体型和新月形尾巴非常适合游行，游速非常快。

绝 大多数鲨鱼必须不停地游动，使海水穿透鱼鳃，摄取水中的氧气。一旦停下来，它们将窒息。鲨鱼的肝脏和背鳍为其提供浮力和举力，鱼尾则帮助其摆脱重力，防止其下沉。鱼尾的推力使鲨鱼克服海水的阻力，不断向前推进。鲨鱼的鳞状皮可以减少身体与水的摩擦力。

尖吻鲭鲨的肌肉非常有力，能像导弹一样从水中跃起。它们常常一跃而起，落在钓鱼者的船上，吓坏了很多钓鱼者。

红肌

白肌

肌肉力量

这种鲨鱼约65%的体重都来自游泳肌。（游泳肌分为红肌和白肌）红肌用于巡游，而之字形的白肌用于加速。

推进

身体拉直，尾巴将整个身体向前推进。

向另一侧弯曲

脊椎另一侧的肌肉用力，使身体向另一侧弯曲。

海洋上层
200米

海洋中层
1000米

半深海层
4 000米

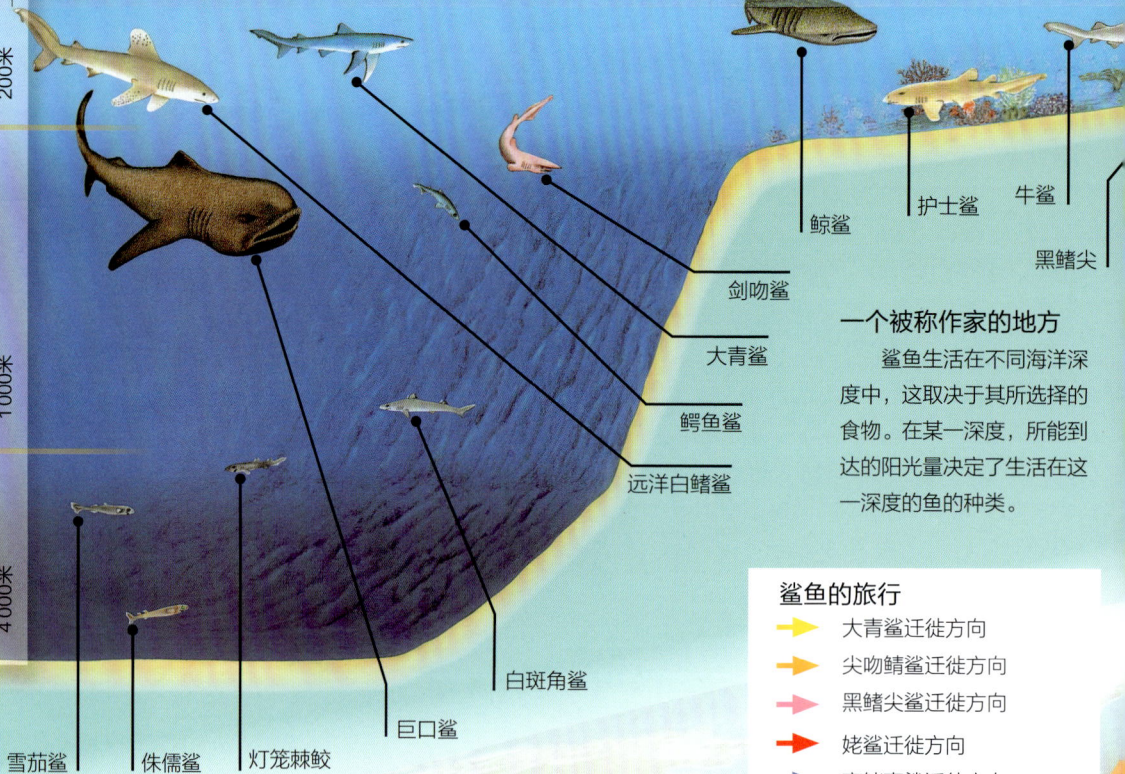

剑吻鲨

大青鲨

鳄鱼鲨

远洋白鳍鲨

鲸鲨

护士鲨

牛鲨

黑鳍尖

白斑角鲨

雪茄鲨

侏儒鲨

灯笼棘鲛

巨口鲨

一个被称作家的地方

鲨鱼生活在不同海洋深度中，这取决于其所选择的食物。在某一深度，所能到达的阳光量决定了生活在这一深度的鱼的种类。

鲨鱼的旅行

→ 大青鲨迁徙方向

→ 尖吻鲭鲨迁徙方向

→ 黑鳍尖鲨迁徙方向

→ 姥鲨迁徙方向

→ 高鳍真鲨迁徙方向

▪ 护士鲨的分布区域
（无迁徙）

你知道吗?

大青鲨是世界上最活跃的旅行者之一，会游到8 000千米甚至更远的地方。

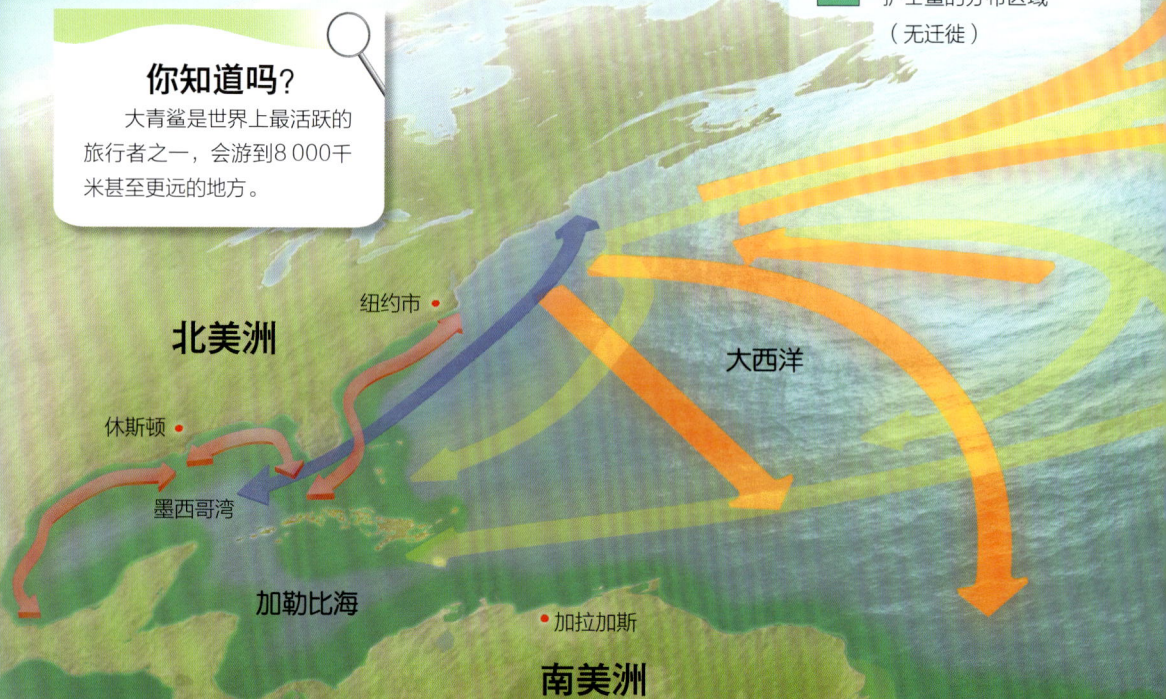

北美洲

纽约市

休斯顿

墨西哥湾

加勒比海

大西洋

加拉加斯

南美洲

栖息地

几乎所有的海洋中都有鲨鱼。一些鲨鱼在深水中游弋，另一些鲨鱼则喜欢在沿海的浅水区生活。一些鲨鱼洄游或是寻找配偶要游过上千公里，另一些鲨鱼只在温度适宜的水域生活。

幼鲨的家

海洋边缘的红树林是许多水生动物的出生地，鲨鱼也不例外。随着沿海地区的发展，红树林这一重要的生物繁衍地被不断破坏，生态环保人士正努力采取各种措施，避免红树林从地球上消失。

伦敦

巴黎

欧洲

亚洲

马德里

地中海

拉巴特

非洲

迁徙的秘密

截止目前为止，科学家仍不知道鲨鱼到底游行了多远。现在，科学家通过微型卫星定位装置对鲨鱼进行追踪后发现，鲨鱼的旅程数千公里，足迹遍布全球。

大西洋

达喀尔

近距离观察和观察者

关于鲨鱼的知识主要来自对死鲨鱼的研究。但是，今天的科学家们更热衷于观察活着的鲨鱼。这需要很大的耐心，因为人不可能 24 小时游在鲨鱼身边。科学家们为鲨鱼装上卫星追踪器，对其进行追踪观察。这种行为很危险，但有许多方法可以保护观察者。

为鲨鱼摄影

向鲨鱼挥手犹如邀请鲨鱼将你当做午餐。海底摄影家要保持一动不动，不让鲨鱼感觉受到威胁。

你知道吗？

背部受到轻击时，许多鲨鱼会进入昏睡状态，一动不动。清醒后，他们会继续游动，好像什么都没发生过一样。

使鲨鱼无计可施

若在水中被鲨鱼盯上，有几种安全防护设备可以摆脱鲨鱼的追踪。

美国海军鲨鱼袋

这种鲨鱼袋是专为海上生存设计的。

海洋安全保护装置

海洋安全保护装置（POD）附于脚蹼或冲浪板上，能产生一个强大的电场，使鲨鱼不敢靠近。

防鲨背心

这是一种设计很特殊的救生衣，衣服上有化学驱虫剂。

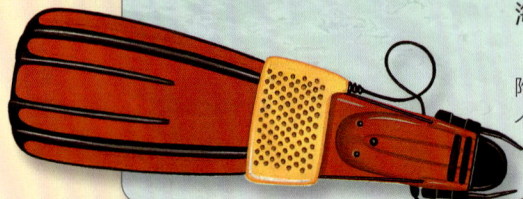

为鲨鱼安装卫星追踪器

科学家们用网捕获鲨鱼，将其拖到离船很近的位置，为其安装上卫星追踪器。有时卫星追踪器的安装是由一名深水潜水员来完成的，其所用的工具为长杆或特殊的捕鲸炮。

到深海去

科学家利用潜水器研究生活在5千米深处的鲨鱼。这一深度的水域很暗，生活在这里的鲨鱼（如硬背侏儒鲨）的腹部通常有发光细胞。

？取决于你

每年有超过 1 亿头鲨鱼死在渔网下，与此同时，鲨鱼的繁殖地因人类活动和污染被不断破坏。许多鲨鱼在 10 岁至 20 岁后才能繁殖后代，所以，毫无疑问，它们面临着人类的威胁。但从另一方面看，鲨鱼对人类造成威胁了吗？

困于渔网中

鲨鱼、鳐甚至海豚经常被困在渔网中。被困住的鲨鱼由于不能游动，会因缺氧而死。

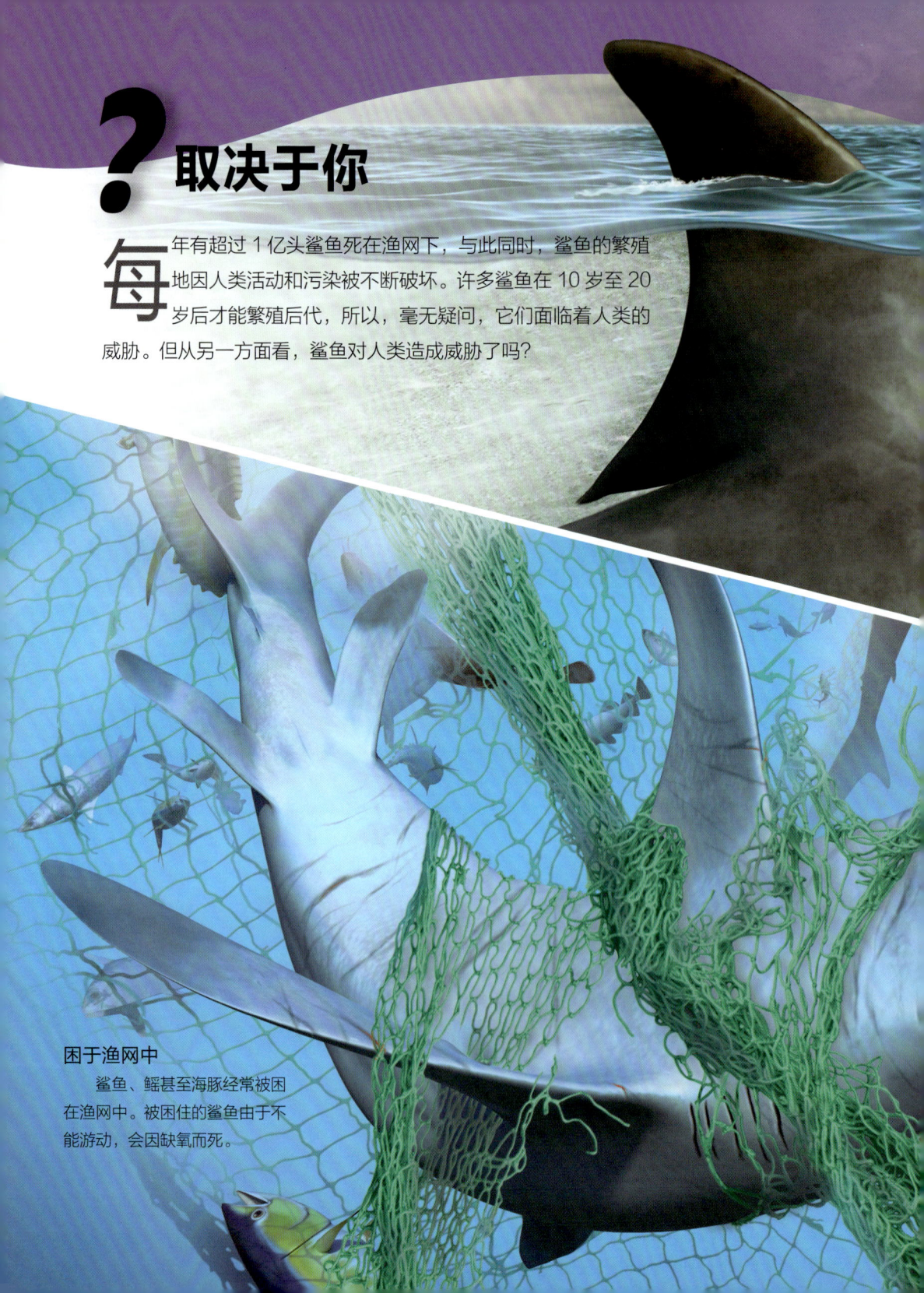

概率有多大？

鲨鱼攻击绝大多数不是致命的，每年在世界范围内造成的死亡不超过3例或4例。当有1个人死在鲨鱼的腹中，便有数百万头鲨鱼死在人类的手下。

鲨鱼攻击	0.5
狗攻击	18
雷击	40
在海滩溺水	74
汽车事故（汽车碰撞）	130
划船	250

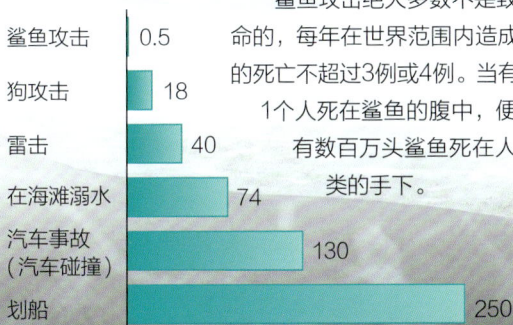

美国平均每年的死亡人数

好奇心多于侵略性

大多数鲨鱼用嘴"感受"事物，这种方式连它们自己也不知道。专家相信，只有牛鲨、大白鲨、鲭鲨和虎鲨会对人类造成威胁。

利用鲨鱼制成的产品

人类捕杀鲨鱼，是为了将其用于生产药品、食品、化妆品和其他产品。

化妆品

鲨鱼肝油被用在唇膏、面霜和润肤霜中。

食品

鲨鱼肉会被吃掉，但背鳍通常会被割下来制成价格昂贵的鱼翅汤。

药品

鲨鱼眼睛中的清澈保护膜被用于修复人类受损的眼睛。

膳食补充剂

鲨鱼的肝油含有丰富的维生素A，被制成维生素片。

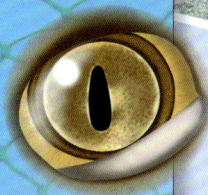

濒临灭绝

超过 60 种鲨鱼濒临灭绝。过度捕杀、被困在渔网中以及被长距离拖拽是鲨鱼数量急剧减少的三大原因。鲨鱼是海洋中的顶级掠食者，没有了鲨鱼，海洋的生态平衡会被严重破坏。

姥鲨

姥鲨不会攻击人类，繁殖率低，因其肝脏大而被过度捕杀。

条纹皱唇鲨

这种鲨鱼体型较小，容易被困在渔网中，在其原产地南非水域几乎灭绝了。

沙虎鲨

这种鲨鱼每两年才会繁殖出2只小鲨鱼，所以，即使只捕杀少数的成年沙虎鲨，也会影响它的总体数量。

天使鲨（扁鲨）

捕鱼者将渔网拖在渔船上，渔网横扫海底时捕获了许多天使鲨。绝大多数天使鲨会被放回海中，但常常不能存活。

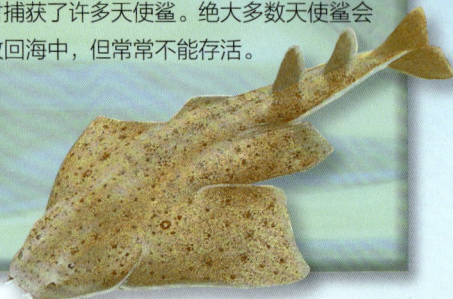

剑鼻鲨

在其原生水域委内瑞拉海岸，剑鼻鲨被过度捕杀，现在几乎灭绝了。

大西洋刺鲨

　　这种鲨鱼喜欢生活在深水区，每两年才繁殖一次，在原产地台湾被大量捕杀。

大白鲨

　　这种鲨鱼每2~3年才繁殖出一只小鲨鱼，且10岁以后才能繁殖后代。据估计，在过去的50年里，大白鲨的数量下降了60%~95%，使其面临灭绝的危险。

对对配

在这本书中，你会发现很多关于不同种鲨鱼的有趣的事实。在这一页中，我们将其混合在一起，左边是鲨鱼名称，右边是关于鲨鱼的有趣事实，请你将它们搭配起来吧。答案在本页底部。

A

鲸鲨

巨齿鲨

侏儒鲨

尖吻鲭鲨

大白鲨

大西洋鲭鲨

大青鲨

锤头鲨

剑鼻鲨

B

头呈翼状

群居鱼类的快速追击者

迁徙至最远的距离

牙齿最大

生活在委内瑞拉附近

滤食动物

游速最快的鲨鱼

最大的已灭绝鲨鱼

最小的鲨鱼

答案：鲸鲨——滤食动物；巨齿鲨——最大的已灭绝鲨鱼；侏儒鲨——最小的鲨鱼；尖吻鲭鲨——游速最快的鲨鱼；大白鲨——牙齿最大；大西洋鲭鲨——迁徙至最远的距离；大青鲨——群居鱼类的快速追击者；锤头鲨——头呈翼状；剑鼻鲨——生活在委内瑞拉附近

知识拓展

腹腔 (abdominal cavity)
躯干的一部分，其内容纳胃、肝和肠。

劳伦氏壶腹 (ampullae of Lorenzini)
与鲨鱼鼻腔相连接的囊，内有胶质，能探测到弱至二十亿分之一伏特的电场。

臀鳍 (anal fin)
接近鱼肛门的鳍，能维持鱼的身体平衡。

浮力 (buoyancy)
水压对物体施加的向上托的力，能帮助物体浮在水中。

软骨 (Cartilage)
一种结缔组织，硬度和刚性不如硬骨，但比肌肉更硬，更没有弹性。

尾鳍 (caudal fin)
任何一种鱼的尾鳍都是用于在水中推动其前进。

背鳍 (dorsal fin)
鱼背部的鳍。

化石 (fossil)
被挖掘出的保留在岩石中的古生物遗体或遗迹。

鳃 (gills)
鱼躯体的一部分，存在所有的鱼类中，能从水中提取溶解在水中的氧气并释放二氧化碳。鲨鱼用鳃呼吸。

鳃瓣 (lamellae)
鱼鳃中的细小黏膜褶，能改善鲨鱼的嗅觉。

体侧线 (lateral line)
一种内含液体的管道，布满细小的毛发状感受器，是一种感觉器官，能感受水中的运动和振动。体侧线位于鲨鱼的皮下。

迁徙 (migration)
动物群在世界范围内的规律性运动，通常是为了寻找食物或适当的繁殖地。

胸鳍 (pectoral fins)
胸鳍位于鱼身体的两侧，像鱼的手臂。一些鱼利用胸鳍走路，一些鱼利用胸鳍飞行，如飞鱼。

腹鳍 (pelvic fins)
位于鱼的腹侧，接近腹部，相当于四足动物的后肢。

浮游生物 (plankton)
游泳能力很弱或没有而随波逐流的微小水生生物，包括动物和植物，是鱼和一些鲨鱼的食物来源之一。

POD
海洋安全保护装置的缩写词。这种装置能发出一种小的电流，据说这种电流使鲨鱼不敢靠近。

细脉网 (rete mirabile)
细小血管组成的网络，许多动物都有细脉网。鱼利用细脉网调节体温。

潜水器 (submersible)
一种可在水下游动的商用或非军用装置，有的可潜至非常深的深海处。有载人的和无人的。

光神经纤维层 (tapetum lucidum)
鲨鱼眼中的一层组织，能提高低光下鲨鱼的视力。

探索·科学百科™

Discovery EDUCATION™

世界科普百科类图文书领域最高专业技术质量的代表作

小学《科学》课拓展阅读辅助教材

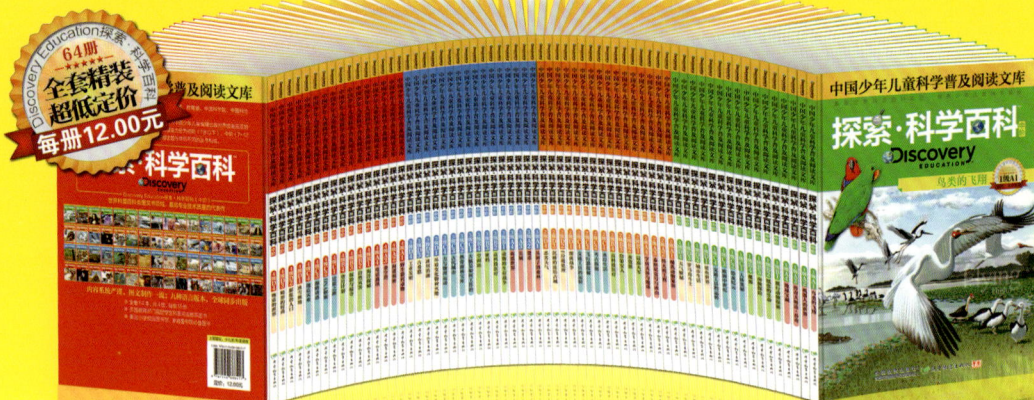

64册
全套精装
超低定价
每册12.00元

中国少年儿童科学普及阅读文库

探索·科学百科

Discovery EDUCATION™

鸟类的飞翔

Discovery Education探索·科学百科（中阶）丛书，是7~12岁小读者适读的科普百科图文类图书，分为4级，每级16册，共64册。内容涵盖自然科学、社会科学、科学技术、人文历史等主题门类，每册为一个独立的内容主题。

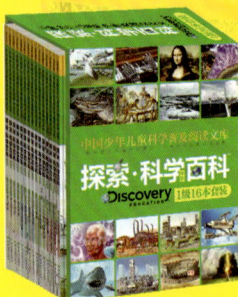

Discovery Education
探索·科学百科（中阶）
1级套装（16册）
定价：192.00元

Discovery Education
探索·科学百科（中阶）
2级套装（16册）
定价：192.00元

Discovery Education
探索·科学百科（中阶）
3级套装（16册）
定价：192.00元

Discovery Education
探索·科学百科（中阶）
4级套装（16册）
定价：192.00元

Discovery Education
探索·科学百科（中阶）
1级分级分卷套装（4册）（共4卷）
每卷套装定价：48.00元

Discovery Education
探索·科学百科（中阶）
2级分级分卷套装（4册）（共4卷）
每卷套装定价：48.00元

Discovery Education
探索·科学百科（中阶）
3级分级分卷套装（4册）（共4卷）
每卷套装定价：48.00元

Discovery Education
探索·科学百科（中阶）
4级分级分卷套装（4册）（共4卷）
每卷套装定价：48.00元